AF413267

Tanaman Pepohonan Pencegah & Penghalau

Gelombang Tsunami

Di Kawasan Pesisir Pantai

Edisi Bilingual

by

Jannah Firdaus mediapro

2021

Prolog

Jenis tanaman yang dapat meredam gelombang tsunami jika ditanam di daerah pantai umumnya adalah tanaman yang sering dijumpai di pantai.

Tanaman tersebut biasanya ditanam di pinggir pantai. Tanaman tersebut umumnya berkayu sangat kuat dan keras serta memiliki akar yang kokoh.

Tsunami Wave menurut Kamus Besar Bahasa Indonesia berarti gelombang laut dahsyat (gelombang pasang) yang terjadi karena gempa bumi atau letusan gunung api di dasar laut biasanya terjadi di Jepang dan sekitarnya.

Tsunami merupakan kata serapan dari bahasa Jepang, yaitu tsu berarti pelabuhan dan nami yang berarti gelombang.

Tsunami umumnya terjadi karena gempa bumi bawah laut dengan kekuatan 7,0 SR atau lebih. Selain itu, tsunami juga dapat disebabkan letusan gunung berapi, longsor, dan jatuhnya benda antariksa seperti meteor ke dalam air.

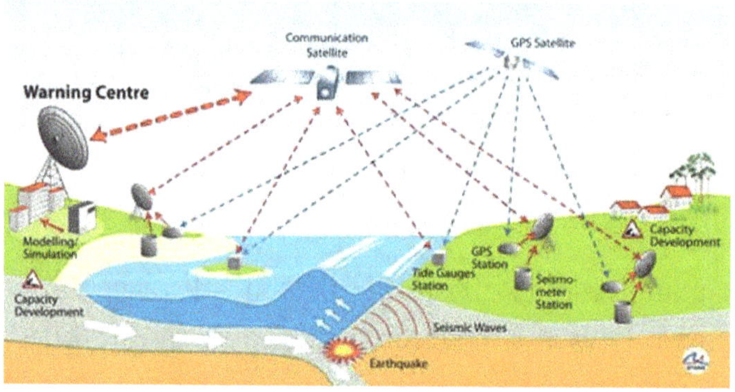

Tsunami sendiri pernah melanda beberapa daerah di Indonesia yang menelan banyak korban jiwa dan menyebabkan kerugian besar.

Penanaman tanaman peredam gelombang tsunami dapat menjadi pilihan tepat untuk mengurangi resiko becana tsunami.

Terdapat beberapa jenis tanaman yang dapat meredam gelombang tsunami jika ditanam di daerah pesisir pantai. Dengan membuat zona hijau sepanjang 100 meter atau 500 meter.

1. Pohon Kelapa

Pohon kelapa adalah jenis tanaman yang paling banyak ditemukan di daerah pantai. Tanaman ini memiliki banyak manfaat untuk kehidupan sehari-hari.

Salah satunya adalah sebagai tanaman yang mampu meredam gelombang tsunami di pantai. Akarnya yang mencengkram tanah dengan kuat dan batangnya yang kokoh memungkinkan pohon kelapa menghalau ombak besar yang datang.

Kelapa memiliki akar yang berupa serabut utama yang tumbuh secara horizontal dan vertikal. Serabut utama akan bercabang membentuk akar sekunder yang tumbuh ke atas dan ke bawah. Akar sekunder akan tumbuh menjadi akar tersier.

Akar tanaman kelapa tumbuh hingga 8 meter secara vertikal dan 16 meter secara horizontal. Batang kelapa tidak bercabang dengan titik tumbuh batang berada di pucuk batang dan terbenam di dalam pucuk daun. Selain itu batang pohon kelapa mengalami pembentukan batang yang melebar tanpa pemanjangan ruas saat masih muda. Batang pohon kelapa dibantu dengan perakaran yang dalam menjadikan tanaman ini mampu meredam gelombang tsunami di pantai.

Manfaat & Khasiat Daun Pohon Kelapa Untuk Kesehatan:

A. Menurunkan Tekanan Darah Tinggi

Darah tinggi kerap menjadi momok menakutkan bagi masyarakat Indonesia. Terutama jadi cikal bakal penyakit stroke hingga serangan jantung. Beragam jenis obat kerap dipilih untuk menekan darah tinggi. Namun, dengan ramuan dari daun kelapa ini bisa menekan darah tinggi.

- Siapkan 10 tangkai janur kelapa, 20 lembar daun sirih, 20 lembar daun ciplukan, 2 butir gambir, 10 lembar daun salam dan juga 10 lembar daun suji.

- Cuci bersih bahan diatas lalu rebus memakai panci stainless steel dengan ditambahkan 3 liter air sampai mendidih.

-Minum sebanyak 200 ml setiap kali selesai makan.

B. Mengobati sakit kuning

Organ hati adalah salah satu bagian terpenting dalam tubuh. Jika mengalami gangguan, bisa-bisa tubuh mudah terserang penyakit kuning. Untuk mencegah dan mengobati penyakit ini bisa dengan minum rebusan daun kelapa yang ditambahkan sejumlah bahan.

Siapkan satu helai janur kuning dari daun kelapa gading lalu bakar hingga menjadi abu.

- Campur abu dari daun kelapa dengan satu butir telur ayam kampung, kemudian aduk sampai rata.

-Minum ramuan dari kombinasi tersebut sebanyak satu kali dalam sehari dan lakukan rutin selama 3 hari berturut turut.

C. Meredakan Nyeri Otot

-Daun kelapa Mereka baik untuk meredakan nyeri otot. Kumpulkan beberapa lembar daun muda dari pohon kelapa, rebus dan campurkan dengan madu, jeruk nipis dan gula aren. Dapat di minum rutin 2x setiap hari.

-Cara lain untuk menyembuhkan sakit nyeri otot adalah dengan mandi herbal air hangat menggunakan rendaman air daun muda pohon kelapa.

2. Pohon Bakau Mangrove

Pohon bakau erat kaitannya dengan hutan mangrove atau hutan bakau. Beberapa negara menerapkan upaya mitigasi bencana dengan menggunakan hutan bakau sebagai peredam tsunami. Hal ini mengisyaratkan pentingnya pelestarian hutan bakau di Indonesia.

Hutan mangrove adalah hutan yang dipengaruhi oleh pasang surut air laut. Hutan tersebut akan tergenang saat air laut pasang dan akan terbebas dari genangan saat air pasang rendah.

Meskipun hutan mangrove tidak sepenuhnya mampu menghalau gelombang besar akibat tsunami, tetapi hutan mangrove setidaknya dapat menjadi penghambat energi dari kuatnya laju gelombang tsunami.

Manfaat Pohon Bakau Untuk Kesehatan:

Sedangkan dibidang kesehatan tanaman pohon bakau ini juga bermanfaat untuk mengobati berbagai jenis penyakit:

A. Diare

Penyebab diare berhubungan dengan terganggunya sistem pencernaan akibat salah makan atau memakan makanan yang telah terserang viru akibat tidak ditutup. Diare menyebabkan penderita mengalami kehilangan banyak cairan didalam tubuh sehingga merasakan lelah dan letih. Untuk mengatasi diare tanaman bakau dipercaya mampu menghentikan agar diare tidak datang lagi.

B. Kusta

Kusta merupakan salah satu masalah kulit yang menyebar hampir diseluruh kulit tubuh. Selain itu kusta juga mudah menular melalui sentuhan dan juga pakaian. Menggunakan pengobatan alami Anda dapat mencoba memanfaatkan daun dari tanaman bakau ini yang bisa digunakan untuk mengobati penyakit kusta.

C. Demam

Panas yang tinggi disertai dengan flu menyerang tubuh saat sistem kekebalan didalam tubuh menurun. Penyebab turunnya sistem kekebalan dalam tubuh adalah keletihan dan kurang makan. Demam bisa diatasi juga dengan memanfaatkan tanaman bakau ini. Biasanya beberapa hari panas demam akan menurun.

D. Sakit Gigi

Manfaat selanjutnya dari tanaman bakau adalah untuk menghilangkan sakit gigi. Dewasa ini sakit gigi disebabkan karena gigi yang berlubang. penyebab gigi berlubang terjadik akibat bakteri didalam rongga mulut yang membuat proses kimiawi dengan sisa makanan yan terdapat didalam mulut. Gigi berlubang juga disebabkan karena jarang menggosok gigi. Menggosok gigi dianjurkan sebanyak dua kali dalam sehari untuk menjaga kesehatan gigi dan rongga mulut.

E. Melancarkan haid

Haid terjadi pada wanita yang telah memasuki pasa pubertas. Proses terjadinya haid karena luruhnya lapisan dinding rahim akibat tidak terjadinya pembuahan. Haid pada wanita datang sebanyak satu kali dalam sebulan dengan hitungan 28 hari. Namun dibalik itu juga terkadang haid menjadi tidak lancar dan tidak teratur datangnya. Penyebab haid tidak lancar bisa karena hormon, stres dan salah memilih makanan. Minuman herbal alami yang berasal dari tumbuhan seperti bakau dapat membantu untuk melancarkan haid setiap bulannya.

F. Diabetes

Manfat tanaman bakau juga bisa digunakan untuk mengobati diabetes. Diabetes adalah kadar gula darah didalam tubuh yang naik melebihi batas normal. Penderita diabetes umumnya juga mudah merasakan haus dan lapar. Lonjakan kenaikan gula darah ini bisa dikarenakan jarang berolahraga namun rutin mengkonsumsi makanan yang kaya akan kandungan gula dan karbohidrat. Akibatnya hormon insulin didalam tubuh tidak bisa lagi bekerja secara sempurna. Dan terjadilan penyakit diabetes ini. Diabetes dapat dihindari dengan mengatur pola makan dan pola hidup yang sehat.

G. Sakit ginjal

Manfaat berikutnya yang dirasakan dari tanaman bakau untuk kesehatan adalah sakit ginjal. Sakit ginjal terjadi akibat salah satu atau dua buah ginjal didalam tubuh tidak dapat lagi berfungsi sebagaimana mestinya. Dalam tahap yang serius diperlukan cuci darah agar pasien penderita sakit ginjal ini dapat tetap hidup.

Namun biaya untuk melakukan sekali cuci darah tidaklah sedikit. Dan untuk bertahan hidup biasanya pasien cuci darah mengantungkan hidup selamanya dengan slang — slang besar tersebut. Disisi lain upaya pencegahan untuk sakit ginjal dapat mencoba mengobatinya dengan tanaman bakau. Rebus daun tanaman bakau dan konsumsi sebanyak dua kali dalam seminggu untuk pencegahan.

H. Kaki gajah

Kaki gajah memiliki nama latin filariasis. Penyakit ini disebabkan karena cacing bernama filaria wuchereria yang ditularkan lewat gigitan nyamuk pada kulit manusia. Umumnya kaki gajah ini banyak terjadi dikaki sehingga kaki penderita menjadi besar sekali.

Penyakit ini pada awalnya jarang memberikan tanda — tanda yang serius namun biasanya penderita akan mengalami demam selama 3 sampai dengan 5 hari. Dalam infeksi yang serius barulah terjadi pembengkakkan pada bagian tubuh akibat getah limfa yang tersumbat didalam jaringan tubuh.

3. Pohon Cemara Udang

Selain kelapa dan bakau, Pohon cemara udang juga dikenal sebagai salah satu jenis tanaman yang dapat meredam gelombang tsunami jika ditanam di daerah pantai.

Cemara udang sering juga disebut Australian pine dan beach she-oak. Tanaman ini mampu menahan gelombang tsunami apabila ditanam di sepanjang bibir pantai.

Menurut Peneliti Dan Ilmuwan Dari Fakultas Kehutanan UGM lapisan cemara udang di sepanjang pantai berfungsi untuk pelindung dari abrasi pantai dan tsunami.

Hutan cemara udang dihuni oleh satwa yang sangat peka dengan tanda-tanda terjadinya tsunami. Hal ini dapat memberi isyarat kepada masyrakat akan bencana tsunami.

Cemara udang bermanfaat untuk menahan tiupan angin kencang, terpaan pasir, dan hempasan gelombang laut yang terjadi di sepanjang pantai.

Sebenarnya tidak hanya cemara udang yang memiliki manfaat tersebut, dua tanaman sebelumnya yang telah dibahas yaitu kelapa dan bakau juga memiliki fungsi yang sama. Selain itu, cemara udang maupun kelapa dan bakau juga dapat dijadikan tanaman pemecah angin.

4. Pohon Palaka

Pohon palaka dapat menjadi tanaman yang meredam gelombang tsunami. Pohon ini berasal dari Ambon dan tingginya bisa mencapai 40 meter.

Walaupun pohon ini berbatang besar tetapi dahan dan rantingnya tidak terlalu besar, sehingga pohon tidak tampak membungkuk.

Pohon Palaka sayangnya tidak lagi banyak ditemukan. Pohon ini padahal mampu meredam tsunami. Selain itu, pohon ini juga termasuk kekayaan lokal yang patut dilestarikan.

5. Pohon Ketapang Laut

Pohon ketapang laut merupakan salah satu jenis dari pohon ketapang yang umumnya digunakan sebagai pohon peneduh.

Serta sangat cocok ditanam di kawasan pinggir laut atau pantai untuk mencegah gelombang pasang laut sekaligus memperlambat terjangan tsunami.

Bibit pohon ketapang ini memiliki berbagai ukuran beragam, mulai dari 50–60 cm dengan usianya sekitar 8–10 bulan.

Pada ukuran dan usia inilah bibit dikategorikan bibit tanaman ketapang laut terbaik.

Tanaman ini dikenal menjadi tanaman peneduh dengan karakteristiknya yang khas, sangat cocok untuk ditempatkan di pinggiran laut karena bentuknya yang rimbun.

6. Pohon Beringin

Pohon Beringin atau Ficus Benjamin, merupakan salah satu jenis pohon yang berpotensi sebagai pelindung air. Jenis ini merupakan jenis tanaman konservasi air yang dapat menyimpan dan mendekatkan air ke permukaan tanah.

Pohon Beringin dipilih sebagai pelindung mata air karena pohon ini memenuhi kriteria yang ditentukan.

Salah satunya adalah jenis pohon ini mampu memberikan pengaruh dalam pengisiaan air tanah (intersepsi dan infiltrasi) karena akarnya mampu mencengkram tanah dengan baik,"

Pohon Beringin juga dapat berfungsi sebagai tempat habitat burung, banyak jenis burung suka berkembang biak di pohon tersebut," imbuhnya.

Pohon Beringin memiliki akar yang kuat yang akan sangat bermanfaat untuk menghalau dan meredam gelombang tsunami di kawasan pesisir pantai.

7. Pohon Waru Laut

Waru laut atau baru laut (Thespesia populnea), adalah sejenis pohon tepi pantai anggota suku kapas-kapasan atau Malvaceae. Perdu atau pohon kecil ini menyebar luas di pantai-pantai tropis di seluruh dunia, meski diyakini memiliki asal usul dari Dunia Lama, dengan kemungkinan dari India.

Disebut dengan nama Portia Tree dalam bahasa Inggris, pohon ini dikenal sebagai baru laut (Simeulue). Kayu terasnya berwarna coklat bergaris-garis hitam, indah warnanya, ringan, dan tak begitu keras.

Kayu ini baik digunakan sebagai bahan pembuat kereta atau pedati pada masa lalu, gagang (popor) bedil, kotak-kotak, dan sebagainya. Kayu teras ini pun baik sebagai obat; di antaranya sebagai obat demam, radang selaput dada (pleuritis), kolera, dan sakit mulas karena kolik. Dari kulit batangnya juga dapat diperoleh serat untuk tali, meski jarang digunakan.

Daun-daunnya dimanfaatkan dalam masakan untuk menerbitkan rasa masam. Buahnya yang masak, ditumbuk dan dimasak dengan minyak, digunakan untuk membunuh kutu kepala.

Di India selatan, kayu teras waru laut digunakan untuk membuat thavil, sejenis alat musik. Disukai karena warnanya yang kecoklatan, kekuningan atau kemerahan, kayu ini di Hawaii dimanfaatkan dalam pelbagai kerajinan.

8. Pohon Mahoni

Pohon Mahoni adalah anggota suku Meliaceae yang mencakup 50 genera dan 550 spesies tanaman kayu. Mahoni termasuk pohon besar dengan tinggi pohon mencapai 40 m dan diameter mencapai 125 cm. Batang lurus berbentuk silindris dan tidak berbanir. Kulit luar berwarna cokelat kehitaman, beralur dangkal seperti sisik, sedangkan kulit batang berwarna abu-abu dan halus ketika masih muda, berubah menjadi cokelat tua, beralur dan mengelupas setelah tua.

Mahoni baru berbunga setelah berumur tujuh tahun, mahkota bunganya silindris, kuning kecoklatan, benang sari melekat pada mahkota, kepala sari putih, kuning kecoklatan. Buahnya buah kotak, bulat telur, berlekuk lima, warnanya cokelat. Biji pipih, warnanya hitam atau cokelat. Mahoni dapat ditemukan tumbuh liar di hutan jati dan tempat-tempat lain yang dekat dengan pantai, atau ditanam di tepi jalan sebagai pohon pelindung. Tanaman yang asalnya dari Hindia Barat ini, dapat tumbuh subur bila tumbuh di pasir payau dekat dengan daerah pesisir pantai.

Pohon mahoni bisa mengurangi polusi udara sekitar 47% — 69% sehingga disebut sebagai pohon pelindung sekaligus filter udara dan daerah tangkapan air. Daun-daunnya bertugas menyerap polutan-polutan di sekitarnya. Sebaliknya, dedaunan itu akan melepaskan oksigen (O2) yang membuat udara di sekitarnya menjadi segar. Ketika hujan turun, tanah dan akar-akar pepohonan itu akan mengikat air yang jatuh, sehingga menjadi cadangan air. Buah mahoni mengandung flavonoid dan saponin.

Buahnya dilaporkan dapat melancarkan peredaran darah sehingga para penderita penyakit yang menyebabkan tersumbatnya aliran darah disarankan memakai buah ini sebagai obat, mengurangi kolesterol, penimbunan lemak pada saluran darah, mengurangi rasa sakit, pendarahan, diabetes dan lebam, serta bertindak sebagai antioksidan untuk menyingkirkan radikal bebas, mencegah penyakit sampar, mengurangi lemak di badan, membantu meningkatkan sistem kekebalan, mencegah pembekuan darah, serta menguatkan fungsi hati dan memperlambat proses pembekuan darah.

Sifat Mahoni yang dapat bertahan hidup di tanah gersang menjadikan pohon ini sesuai ditanam di tepi jalan. Bagi penduduk Indonesia khususnya Jawa, tanaman ini bukanlah tanaman yang baru, karena sejak zaman penjajahan Belanda mahoni dan rekannya, Pohon Asam, sudah banyak ditanam di pinggir jalan sebagai peneduh terutama di sepanjang jalan yang dibangun oleh Daendels antara Anyer sampai Panarukan. Sejak 20 tahun terakhir ini, tanaman mahoni mulai dibudidayakan karena kayunya mempunyai nilai ekonomis yang cukup tinggi. Kualitas kayunya keras dan sangat baik untuk meubel, furnitur, barang-barang ukiran dan kerajinan tangan. Sering juga dibuat penggaris karena sifatnya yang tidak mudah berubah. Kualitas kayu mahoni berada sedikit dibawah kayu jati sehingga sering dijuluki sebagai primadona kedua dalam pasar kayu. Pemanfaatan lain dari tanaman mahoni adalah kulitnya dipergunakan untuk mewarnai pakaian. Kain yang direbus bersama kulit mahoni akan menjadi kuning dan tidak mudah luntur. Sedangkan getah mahoni yang disebut juga blendok dapat dipergunakan sebagai bahan baku lem, dan daun mahoni untuk pakan ternak.

Ekstrak biji pohon mahoni juga dapat digunakan sebagai pestisida nabati untuk mengendalikan hama pada pertanaman kubis, yaitu Plutella xylostella dan Crocidolomia binolalis khususnya pada saat hama berada pada stadia larva. Penggunaan insektisida botani merupakan salah satu alternatif pengendalian yang bertujuan untuk mengurangi dampak negatif akibat penggunaan insektisida sintetik yang tidak bijaksana. Pohon Mahoni dapat tumbuh dengan subur di pasir payau dekat dengan pantai dan menyukai tempat yang cukup sinar matahari langsung.

Tanaman ini termasuk jenis tanaman yang dapat bertahan hidup didaerah yang tergenang air mampu di tanah gersang sekalipun. Walaupun tidak disirami selama berbulan-bulan, mahoni masih mampu untuk bertahan hidup.

9. Pohon Pule

Tak cuma sebagai peneduh dari teriknya cahaya matahari, rimbunnya pohon pule juga dipercaya memiliki segudang manfaat.

Pohon dengan nama latin Alstonia scholaris ini merupakan jenis tanaman keras yang umumnya hidup di Pulau Jawa dan Sumatra. Pule banyak dijumpai di kawasan terbuka, bersemak atau hutan campuran, hutan primer atau sekunder, hutan jati, atau pinggir ladang pada ketinggian 50–1.500 mdpl. Pule juga umumnya tumbuh di daerah dengan suhu tahunan rata-rata 12–32 derajat Celcius.

Sebagai pohon penghijauan dan juga untuk memperlambat gelombang tsunami, pohon pule banyak digunakan karena daunnya yang mengkilat, rimbun, dan melebar ke samping. Karakter yang dimiliki membuat pohon pule dapat memberikan kesejukan di tengah teriknya cahaya matahari.

Selain sebagai penghijauan, pohon ini juga dikenal sebagai 'obat herbal' sejak dahulu kala. Mengutip situs Always Ayurveda, pule telah dikenal sebagai tanaman obat ayurveda sejak berabad-abad lamanya.

Tonik yang terbuat dari pohon pule digunakan sebagai obat penurun demam, membantu memulihkan sistem pencernaan, hingga penyakit kulit.

Ekstrak etanol yang dimiliki pohon kini tengah diteliti secara luas. Pohon ini berpotensi menjadi agen anti-inflamasi yang efektif.

Selain itu, mengutip situs Tropical, ekstrak pohon pule juga disebut dapat mengatasi menstruasi yang tidak teratur. Ekstrak kulit kayu juga telah terbukti bisa digunakan sebagai obat diare.

Selain untuk kesehatan, kulit kayu pohon pule juga bisa digunakan sebagai pewarna alami. Kulit kayu pohon pule menghasilkan warna kuning yang natural.

Tak cuma itu, bunga-bunga pohon pule juga bisa menghasilkan minyak esensial dengan aroma menenangkan. Pohon pule umumnya akan berbunga pada bulan Oktober.

10. Zona Ekosistem Laut

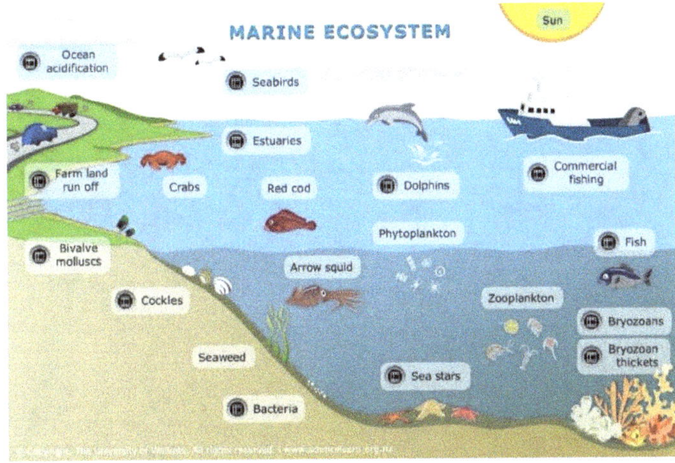

Dan yang terpenting juga adalah menjaga benar ekosistem dalam lautan, seperti tanaman dalam laut, terumbu karang dan ikan-ikan.

Seringnya manusia yang mengambil ekosistem laut ini, dapat membahayakan alam itu sendiri, hendaklah ekosistem ini dijaga benar untuk meminimalisir bencana, khususnya tsunami.

Ekosistem laut adalah penyeimbang alam, jika ekosistem ini tidak ada dan tidak dilestarikan, sudah pasti alam tidak akan seimbang sehingga dapat menimbulkan bencana yang besar dan dahsyat.

Referensi

Kontar, Y. A. Tsunami Events and Lessons Learned: Environmental and Societal Significance. Springer, 2014. ISBN 978-94-007-7268-7

Kristy F. Tiampo: Earthquakes: simulations, sources and tsunamis. Birkhäuser, Basel 2008, ISBN 978-3-7643-8756-3.

Walter C. Dudley, Min Lee: Tsunami! University of Hawaii Press, 1988, 1998, Tsunami! University of Hawai'i Press 1999, ISBN 0-8248-1125-9, ISBN 978-0-8248-1969-9.

Linda Maria Koldau: Tsunamis. Entstehung, Geschichte, Prävention, (Tsunami development, history and prevention) C.H. Beck, Munich 2013

Grimwood BE, Ashman F (1975). Coconut Palm Products: Their Processing in Developing Countries. United Nations, Food and Agriculture Organization. ISBN 9789251008539.

Y.M.S. Samosir (eds.) (2006). Coconut revival – new possibilities for the 'tree of life'. 2005

Lambourne, Helen (March 27, 2005). "Tsunami: Anatomy of a disaster." BBC News

Kenneally, Christine (December 30, 2004). "Surviving the Tsunami." Slate.

Author Bio

Allah SWT (God) Say:

"And it is He who spread the Earth and made in it firm mountains and rivers, and of all fruits, he has made in it two kinds; He makes the night cover the day; most surely there are signs in this for a people who reflect."

[The Noble Quran 13:3]

Prophet Muhammad SAW Said:

"If a Muslim plants a tree or sows seeds, and then a bird, or a person or an animal eats from it, it is regarded as a charitable gift (sadaqah) for him." (Sahih Hadith Bukhari & Muslim)